一看就懂的图表科学书
奇妙的光与声

[英]乔恩·理查兹 著　　[英]埃德·西姆金斯 绘　　梁秋婵 译

中国妇女出版社

目 录

欢迎来到
信息图的世界!

运用图形和图画,信息图以全新的方式使知识更加生动形象!

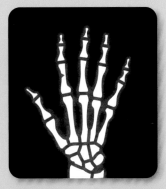

你能了解X射线如何
"看透"你的身体。

你会明白声音
是如何产生的。

你会比较一些能发出
极大声响的动物的音量。

你能认识被发射到太空中的
那架最大的望远镜。

声波

我们周围到处都是声音：从微风吹动树叶的沙沙声，到喷气式飞机起飞时的隆隆声，再到乐器演奏出来的美妙音乐，所有这些声音都是由物体的振动产生的。

声音的传播

物体振动会带动周围的空气振动。空气中微小的分子通过相互作用，将振动从一个分子传给另一个分子，使声音像水面上的波纹一样扩散开来，直至传到你的耳朵里（见第26—27页）。声音以波的形式传播，这样的波就叫声波。

鼓面

鼓面

分子

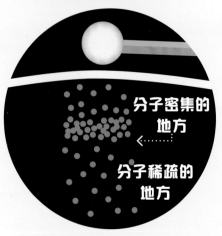

分子密集的地方

分子稀疏的地方

当空气中的分子振动时，有的地方的空气受到挤压，分子会比较密集；有的地方的空气没有受到挤压，分子就会比较稀疏。

人们通常认为，**声音**无法在**真空**中传播，这是因为真空中**没有或只有极少的分子**，所以不会发生分子的振动。

声音的一些属性

振幅

图中所示的高度表示的是声波振动的幅度。振幅大，则声音大；振幅小，则声音小。

波长

沿着声波的传播方向，相邻的两个波峰或两个波谷之间的距离就是波长。

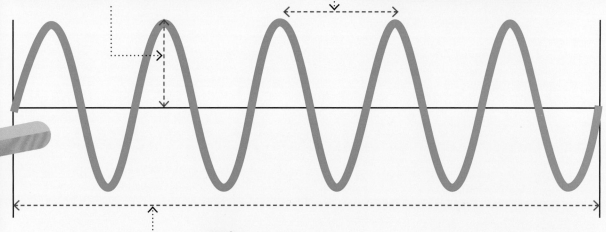

频率

频率通常指物体每秒内振动的次数，它决定了声音的高低。高音的频率高，低音的频率低。

分子密集的区域

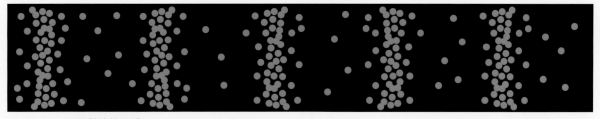

分子稀疏的区域

音色

不同的声音往往有不同的音色。声音的这种属性能帮你区分出长笛声和小提琴声。事实上，每种乐器都有自己的声波形状。

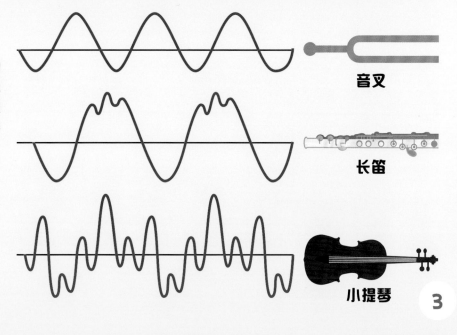

音叉

长笛

小提琴

响亮和安静

声音听起来轻或响的程度，叫作响度（又称音量），它会受到声波振幅的影响。

测量声音的强度

声音的强度通常以分贝（dB）为单位。分贝与声音强度之间是对数关系，简单地说，随着分贝数值增加，声音强度的增强程度会越来越大，例如，0分贝几乎是无声的，10分贝声音的强度是0分贝的10倍，而20分贝的强度则为0分贝的100倍，30分贝的强度能达到0分贝的1 000倍。

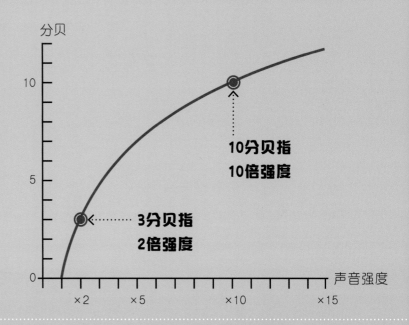

分贝

10分贝指
10倍强度

3分贝指
2倍强度

声音强度

×2   ×5   ×10   ×15

人类能听到的声音范围从几乎无声，到强度是其

100 000 000 000 000倍

的喷气式飞机起飞时的声音。

0分贝 极静（人耳刚刚能听到的最微弱的声音）

20分贝 安静的录音棚

60分贝 正常交谈的声音

在地球上，这些动物能发出极大的响声

划蝽
高达99分贝

非洲象
超过103分贝

蝉
高达120分贝

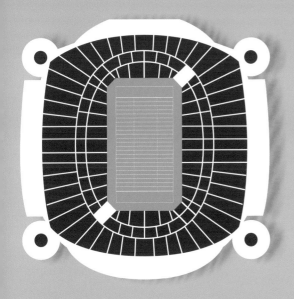

1883 年，印度尼西亚的喀拉喀托火山爆发时，发出了无比巨大的声响，以至于在印度洋毛里求斯岛附近的罗德里格斯岛上都能听到，而那座岛距这座火山大约有 **4 800** 千米。

历史上体育场内最大的一次呐喊声，据说发生在美国堪萨斯城的阿罗黑德体育场。那是在 2014 年 9 月 29 日，现场球迷的喊声高达 **142.2** 分贝。

70 分贝　响亮的手机铃声

110 分贝　电锯工作声

140 分贝　喷气式飞机起飞时的声音

斗牛狗蝠
达到 140 分贝

枪虾
达到 200 分贝

抹香鲸
高达 230 分贝

高音和低音

音符的音高指它听起来的高低。声调（又称音调、音高）
是由发声物体振动时的频率决定的。

振动的琴弦

弦乐器有不同粗细和松
紧的琴弦，例如吉他。
演奏者在弹奏吉他时，
手指会改变琴弦振动部
分的长度，以改变频
率，从而改变音高。

拨弦振动

被拨动、摩擦或击打的琴弦，
会按照一定的频率振动，发
出一个确定的音。

声音的频率通常
以赫兹（Hz）为
单位。每秒振动
1次为1赫兹。

琴弦振动部
分越短，振动
速度越快。

缩短琴弦的振动部分可以让
它发出更高的声音。如果将
琴弦振动部分的长度减半，
它振动的速度将是原来的2
倍，并且能够发出比原来高
1个八度的声音。

1个八度

A	A	A	A	A	A	A	A
27.5赫兹	55赫兹	110赫兹	220赫兹	440赫兹	880赫兹	1760赫兹	3520赫兹

钢琴键盘上音名为 A 的琴键对应的频率

管乐器依靠乐器内空气柱的振动来发声，并通过改变它的长度和大小等，演奏出高音或低音。

长号

滑管

推出滑管会发出更低的音。

木琴

打击乐器的本体越大或越长，发出的声音越低。

长木条发音更低。

短木条发音更高。

多普勒效应

你接收到的声音的声调，还会受到你与发声物体之间距离的影响。当发声物体接近你或远离你时，你接收到的声波的频率会发生变化。这种现象被称为多普勒效应。

声波聚集

如果发声物体正在远离你，声波传到你这里的路程会逐渐拉长，你接收到的声波的频率会降低，声调也随之降低。

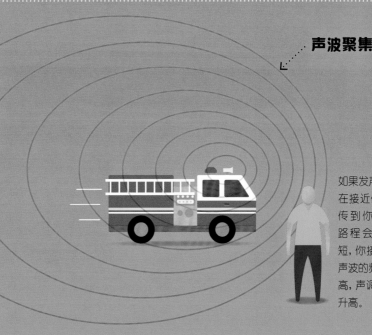

如果发声物体正在接近你，声波传到你这里的路程会逐渐缩短，你接收到的声波的频率会升高，声调也随之升高。

声速

声音从源头传播开需要时间,它传播的速度与通过的物质,也就是介质有关。在相同温度下,介质的密度越大,声音传播的速度就越快。这是因为在密度更大的介质中,能够传播声波的粒子之间的距离更小,能更快地传递声波的能量。

贝尔X-1号

在0℃的空气中,声音传播的速度约为每秒331米。

在常温的水中,声音传播的速度约为每秒1500米。

在常温状态下,声音在铁中的传播速度约为每秒5000米。

1947年10月,驾驶贝尔X-1号火箭动力飞机的美国飞行员查克·耶格尔,成为历史上第一个移动速度超过声速的人。

马赫数是飞机、火箭等在空气中移动的速度与声速的比。1马赫指移动速度是声速的1倍,2马赫指移动速度是声速的2倍,以此类推。

1马赫

1

亚声速
比声速慢(不到1马赫)

超声速飞行器

从声速第一次被突破以来，飞机设计师们已经研制出了许多飞机，它们一个比一个飞得快，其中既有大型客机，也有尖端的实验飞行器。

X-43A（最快的飞机）
约 10 马赫

协和式飞机（最快的客机）
约 2.04 马赫

SR-71黑鸟（最快的喷气式飞机）
约 3.2 马赫

X-15（最快的有人驾驶飞机）
约 6.7 马赫

雷电

声音在空气中传播1千米大约要花3秒，你可以据此估算出发生雷暴的地方离你有多远。留意看到闪电和听到雷声相隔几秒，然后用秒数除以3，你就能知道雷暴离你有多少千米远了。

闪电与雷声相隔 9 秒，雷暴距离此人大约为 3 千米。

2 马赫

5 马赫

2

5

超声速
比声速快（大于 1 马赫，小于 5 马赫）

高超声速
比声速快得多（大于等于 5 马赫）

声波的应用

声波不仅能告诉我们周围发生了什么事情，还能帮助我们探索物体的内部。
在看不见东西的黑暗处，一些动物甚至会利用声波去捕猎。

捕猎

蝙蝠捕食时发出的声波频率非常高，人类无法听到。然而，蝙蝠的听觉非常敏锐，它们既能够接收到这些声波，也能接收到被猎物反射回来的声波。

蝙蝠发出频率很高的声波。

小飞虫

声波被猎物反射回来。

蝙蝠感受到回声后，会利用回声确定猎物的位置。

清洗

一些汽车制造商正在考虑用超声波设备取代雨刷，来清除落在挡风玻璃上的雨水。这种设备能产生高频率的振动，可以阻止水和灰尘粘在玻璃上。

雨滴

探测内部

利用声波，医生可以"看到"病人身体内部的情况，检查身体的各部分是否正常工作。

超声波设备产生高频率的声波。

探头能探测到被反射回来的声波。

声波穿过身体。

每一个回声传播的距离。

被反射回来的声波。

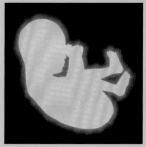

超声波设备计算出每个回声传播的距离，并利用这些数据逐步绘出身体内部的图像。

其他方面的应用

医生可以利用超声波粉碎肾结石，这样不需要做手术就能清除它们。

肾结石

渔民使用声呐来定位鱼群，海军使用声呐来定位敌方潜艇。声呐会产生声波，声波通过水传播，遇到物体会被反射回来。

回声

鲸鱼的歌声

有些鲸鱼会发出低沉的声音，这声音非常大，以至于可以在水中传播2600千米以上。

因此，一头鲸鱼在波多黎各海岸附近发出的声音，或许可以在纽芬兰附近海域被听到。

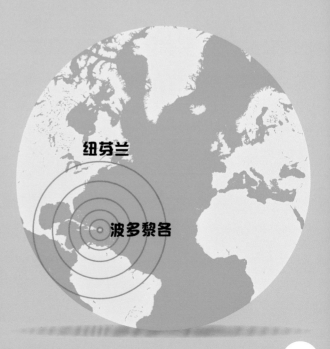

纽芬兰

波多黎各

发光

只需轻轻一按电灯开关，你就可以将黑暗的房间变得明亮。灯泡或太阳产生的光是一种能量，我们的眼睛能感知到它，也能看到它。

是波还是粒子？

我们很难解释光是什么。经过科学家研究，光既是电磁波，也是粒子，具有波粒二象性。

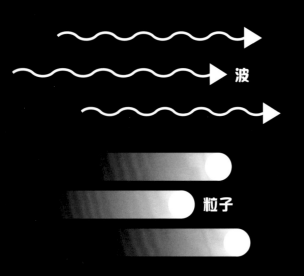

波

粒子

原子

聚变

原子

光子

来自太阳的光

在太阳内部，极高的温度和极大的压强使原子聚合在一起，发生核聚变，释放出巨大的能量。其中一些能量由一种叫作光子的粒子承载。我们看到的太阳光就是这种能量。

170 000 年

一些科学家认为，
光从太阳的核到达它的表面可能需要这么久。

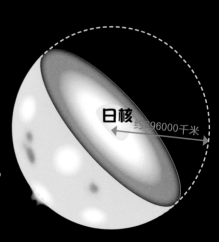

日核 约696000千米

吸收和释放能量

许许多多物质都是由被称为原子的微粒组成的。在原子中,绕原子核飞速运动的是一种更小的粒子——电子。

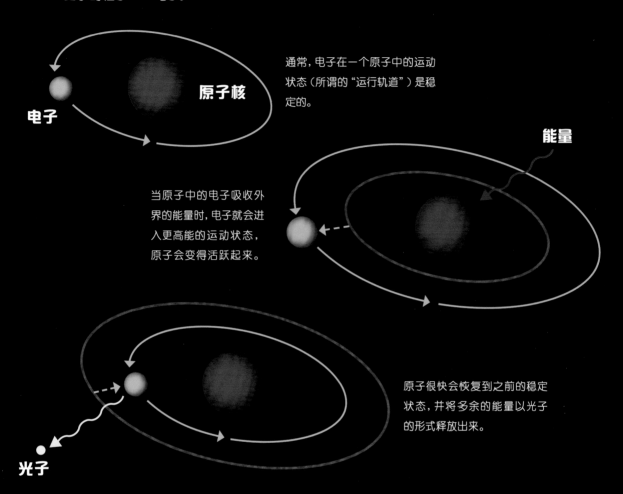

通常,电子在一个原子中的运动状态(所谓的"运行轨道")是稳定的。

原子核

电子

能量

当原子中的电子吸收外界的能量时,电子就会进入更高能的运动状态,原子会变得活跃起来。

原子很快会恢复到之前的稳定状态,并将多余的能量以光子的形式释放出来。

光子

电灯

在传统的白炽灯中,电流通过一根缠绕成螺旋形的灯丝,灯丝的电阻会使灯丝发光,同时散发出大量的热量。

发光的灯丝

白炽灯

LED灯

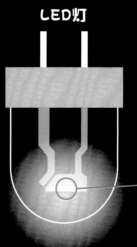

节能的LED灯是靠电子在半导体材料中运动来发光的。

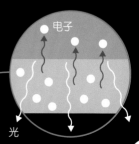

电子

光

光谱

按照波长和频率，将电磁波排列起来，就形成了电磁波谱。电磁波的种类有很多，我们用肉眼能够看到的可见光只是其中的一小部分。除此之外，还有一些电磁波不能用肉眼看到，如X射线和无线电波。

0.1毫米

英吉利海峡

×500

无线电波的波长最长——从0.1毫米到100兆米（即10万千米，约为英吉利海峡最宽处的500多倍）。它们的频率也是电磁波谱中最低的，从3赫（每秒3次）到3000吉赫（每秒3 000 000 000 000次）不等。

低

无线电波
电视信号。

微波
微波炉，手机。

红外线
通过光缆传输信号。

安全   **有害**

电磁波谱中某些电磁波的辐射对人体是有害的。幸运的是，地球的大气层阻挡了部分有害辐射。

地球的大气层

无线电波

微波

红外线

可见光

紫外线

X射线

γ射线

可见光
我们能看见的光。

适量的紫外线可以帮助我们保持健康的肤色，但过量的紫外线就会引发皮肤癌。

X射线和γ射线会损害人体细胞，导致细胞死亡，甚至引发癌症。

高

紫外线
辨别假钞。

X射线
拍摄人体内部的图像。

γ射线
杀死癌细胞。

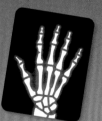

安全

极其危害

色彩

可见光包括从红光到紫光之间所有颜色的光。当阳光经空中无数的水滴折射和反射后形成彩虹时，我们可以一下子看到所有颜色的光。

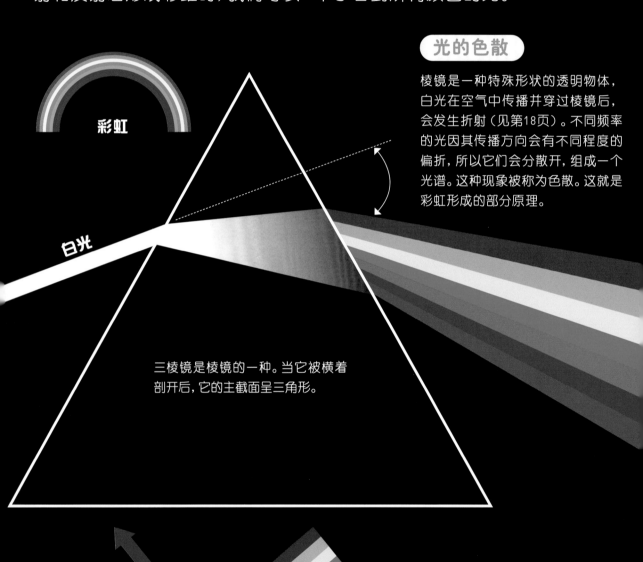

彩虹

白光

光的色散

棱镜是一种特殊形状的透明物体，白光在空气中传播并穿过棱镜后，会发生折射（见第18页）。不同频率的光因其传播方向会有不同程度的偏折，所以它们会分散开，组成一个光谱。这种现象被称为色散。这就是彩虹形成的部分原理。

三棱镜是棱镜的一种。当它被横着剖开后，它的主截面呈三角形。

红球会吸收除红色光外所有颜色的光，并 ·········➤ 将红光反射出去。

物体之所以具有某种颜色，是因为它能反射这个特定颜色的光，并吸收其他颜色的光。因此，当一个球吸收了光谱中除红外所有颜色的光，而把红光反射到我们的眼睛里时，球看起来就是红色的。

吸收线

某些化学物质会吸收特定颜色的光。当来自这些物质的光被分解成光谱时，由于某些颜色的光会被吸收，它们原来所在的位置就形成了暗谱线，也就是吸收线。科学家可以利用它们来研究物体乃至遥远的恒星的构成。

油墨和光

把不同颜色的光或油墨混合在一起，可以产生彩虹中包含的所有颜色。彩色电视机中的画面是由红光、绿光、蓝光合成的。

波长较长的光，例如红光，其传播方向偏折的程度较小。

红
橙
黄
绿
蓝
靛
紫

波长较短的光，例如紫光，其传播方向偏折的程度较大。

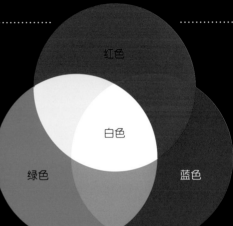

红色
绿色
白色
蓝色

混合起来的光

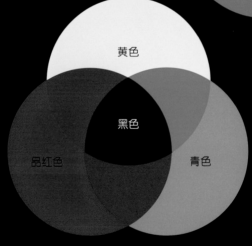

黄色
黑色
品红色
青色

混合起来的油墨

色点

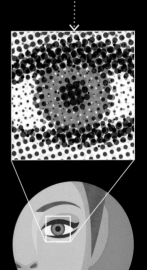

打印图片

人们使用青色、品红色和黄色三种油墨来印刷彩色书籍。不同颜色的油墨被印成小小的墨点，这些小墨点通常小得无法用肉眼看清。当它们叠加在一起时，就形成了成千上万种不同的颜色。

折射和反射

光沿直线传播,但当它穿过不同的物质时,它的传播方向可能发生改变。此外,光射到某些物体表面时会被反射回去,它的传播方向也可能发生变化。

吸管

折射

当光从空气斜射入水中或玻璃中时,它的传播方向发生了偏折,这种现象叫作光的折射。折射可以让物体看起来更大或更小。

透镜

有一些形状特殊的玻璃片能改变光的传播方向并形成影像,这类玻璃片就是透镜。

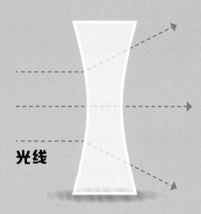
光线

凹透镜对光有发散作用。它被用于近视眼镜。

镜子的成像原理

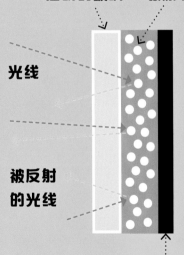
透明的玻璃　银原子
光线
被反射的光线
黑色的底漆

有些镜子在玻璃的背面有薄薄的一层银。光子穿过镜子前面的玻璃,就会撞到银原子上。银原子会吸收光子的能量,从而变得活跃起来,随后又将能量以光子的形式释放出来,恢复稳定状态。那些被释放出来的光子就形成了反射光线。

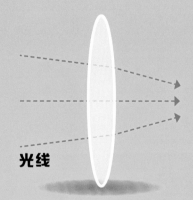
光线

凸透镜对光线有会聚作用。它被用于照相机的镜头和放大镜。

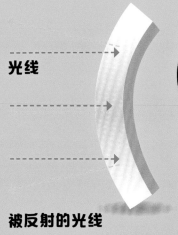

光线

被反射的光线

凸面镜将光线向外反射，帮助我们扩大视野，并使物体看起来离我们更远。汽车的后视镜使用的就是凸面镜。

光线

被反射的光线

凹面镜将光线向内反射，有时它还会呈现倒立的图像。凹面镜可以呈现放大的图像。有些化妆镜就是凹面镜，化妆、剃须时用它很方便。

球面镜

和透镜一样，改变镜面的凹凸也会改变反射光的方向。

望远镜

望远镜里的球面镜（或平面镜）和透镜能会聚光线，将非常遥远的物体的图像呈现在我们眼前。

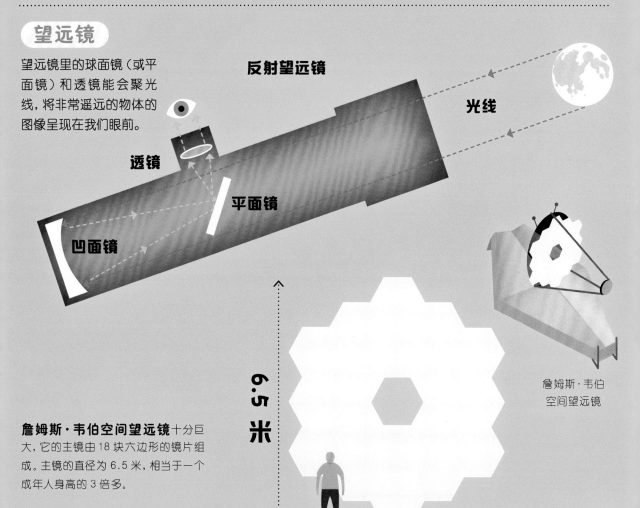

反射望远镜

光线

透镜

平面镜

凹面镜

6.5 米

詹姆斯·韦伯空间望远镜

詹姆斯·韦伯空间望远镜十分巨大，它的主镜由 18 块六边形的镜片组成。主镜的直径为 6.5 米，相当于一个成年人身高的 3 倍多。

影子

因为光沿直线传播，所以当它们被不透明的物体挡住时，物体后方就会形成一片比较暗的区域，也就是人们常说的影子。

本影

光线完全不能照到的区域，通常位于影子的中心部位。

千万不要直视太阳，哪怕是在日食期间也不要这样做。直视太阳将对你的视力造成永久性的损伤！

半影

只有部分光线能照到的区域，通常位于影子的边缘。

挡住光的物体

来自光源的光

手电筒

照射**透明的物体**通常不会产生影子，因为光线**能够直接穿过它**。

太空中的影子

有时候，月球会运行到太阳和地球之间的位置，从而挡住太阳，这种现象叫日食。从地球上看，太阳完全被挡住的，叫日全食；太阳的中央被挡住的，叫日环食；太阳的一部分被挡住的，叫日偏食。

日全食

日环食

地球

月球

太阳

太阳的直径约是月球的400倍，太阳和地球之间的平均距离又恰好约是月球和地球之间平均距离的400倍。这就是太阳和月球在天空中看起来大小差不多的原因。

日偏食

发现行星

通过观察某颗恒星亮度的变化，天文学家可以发现围绕这颗恒星运行的行星。这是因为当行星从它围绕的恒星前面经过时，会使我们观测到恒星的光变暗一些，然后随着行星的远离，恒星会再次变得明亮起来。

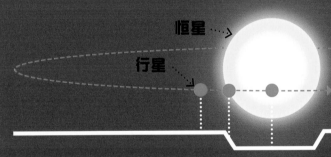

恒星

行星

亮度级别

亮度变暗

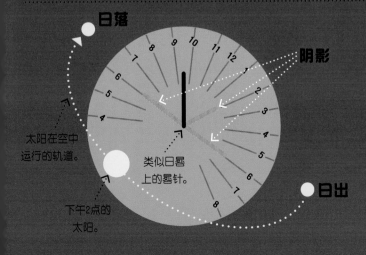

日落

阴影

太阳在空中运行的轨道。

类似日晷上的晷针。

下午2点的太阳。

日出

测定时间

数千年来，人们通过观测太阳下物体的影子来计算时间。日晷就是这样一种仪器。当太阳在空中移动时，晷针投在晷盘上的影子的位置也会相应地发生变化。

光速

宇宙中没有什么比真空中的光跑得更快。光的传播速度是如此之快，以至于我们以光在一定时间内传播的距离为单位，来衡量太空中物体之间遥远的距离。

299 792 458 米

这是在真空环境下，光1秒钟内传播的距离，相当于地球赤道长度的 7.5 倍。

光的传播速度很快，
但要走完太空中遥远的距离仍需要花些时间。

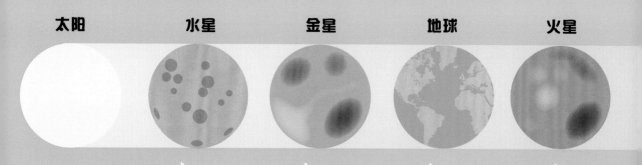

太阳	水星	金星	地球	火星
	约3.2分钟	约6分钟	约8.3分钟	约12.7分钟
	阳光可抵达水星。	阳光可抵达金星。	阳光可抵达地球。	阳光可抵达火星。

天文学家以光在真空中1年内走过的距离作为单位，
来计量天体间的距离。

$$1光年 \approx 9.46 \times 10^{12} 千米$$

即便1光年表示的距离是如此之大，光从离太阳系最近的恒星——
比邻星出发，仍要走上 **4.22** 光年才能到达地球。

地球

假设探测器以第三宇宙速度（16.7千米／秒）冲出太阳系，
那么它抵达比邻星大约需要 **75 802** 年。

宇宙的规模

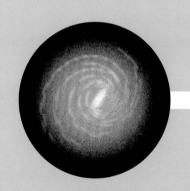

银河系球形银晕的直径约
100 000 光年。

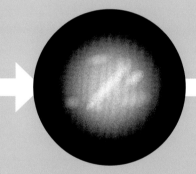

从地球到银河系以外最近的星系——
大麦哲伦云的距离约
160 000 光年。

从地球到银河系以外最近的大星系——
仙女星系的距离约
2 200 000 光年。

木星

约43.2分钟
阳光可抵达木星。

土星

约79.3分钟
阳光可抵达土星。

天王星

约159.4分钟
阳光可抵达天王星。

海王星

约249.8分钟
阳光可抵达海王星。

光的应用

我们不仅可以借助光来观察周围的世界，还可以利用光去研究遥远的物体、发射信号、记录和显示图像，甚至看到人或动物身体内部的情况。

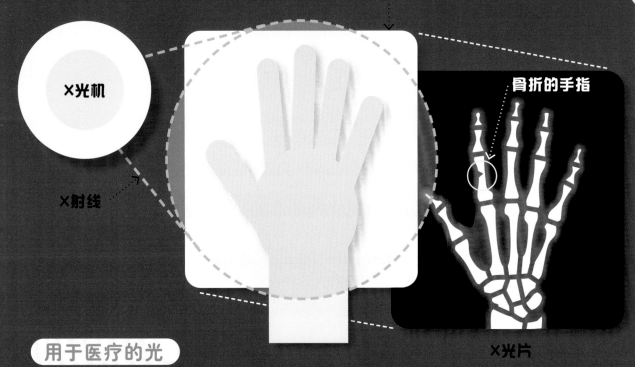

X光暗盒

X光机

X射线

骨折的手指

X光片

用于医疗的光

X射线在电磁波谱上位于高能辐射区域，它可以穿透我们身体的软组织，如皮肤、脂肪和肌肉，但不能穿透骨骼这样的坚硬组织。医生可以给就诊者拍摄X光片，来查看骨头是否有损伤。

动态的影像

电影和电视节目通过快速地闪过一系列静止的图像，给我们造成图像中的事物动起来了的错觉。当大脑将这些图像连在一起时，我们就会看到动态的画面。

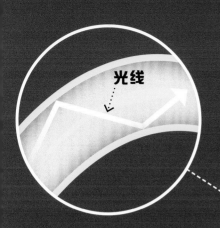

光线

光纤

我们可以利用光纤让光来传输信号。光线会在光纤内壁上不断反射着前进，直至到达目的地。

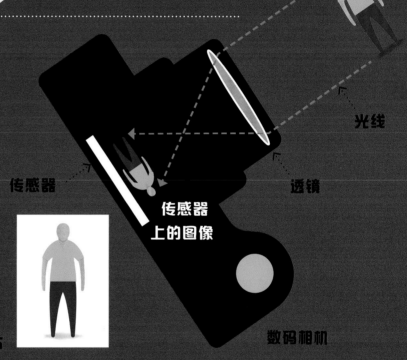

光线

光线

照相

像望远镜一样，数码相机也用透镜会聚来自物体的光。数码相机将光线会聚在一个特殊的传感器上，由传感器将图像记录下来并转换成数码照片。

传感器

传感器
上的图像

透镜

数码照片

数码相机

早期电影的图像播放频率为**每秒16—24帧**。
目前电影的图像播放频率通常为**每秒24帧**。
一些电视系统传送图像的频率通常为**每秒30帧**。
高帧率拍摄时采集图像的频率为**每秒48帧**。
高速摄像机进行慢速摄影时采集图像的频率为**每秒300帧以上**。
超高速摄像机为制作特效而采集图像的频率为**每秒2 500帧以上**。

看和听

当我们醒着的时候,光和声波几乎每时每刻都在"轰炸"着我们。我们需要专用的"装备"来感觉它们。这些"装备"将光转换成我们看到的影像,将声波转换成我们听到的声音。

耳郭 ·····>

我们的眼睛能收集光线并使它们会聚在一起,使我们可以看到影像。

声波

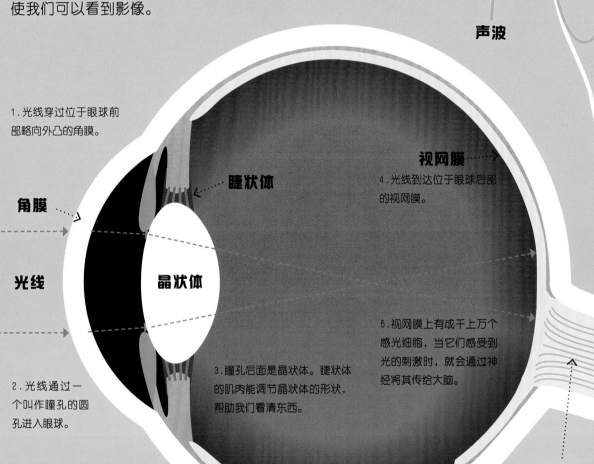

1.光线穿过位于眼球前部略向外凸的角膜。

视网膜 ·····>

4.光线到达位于眼球后部的视网膜。

睫状体

角膜 ·····>

光线

晶状体

3.瞳孔后面是晶状体。睫状体的肌肉能调节晶状体的形状,帮助我们看清东西。

5.视网膜上有成千上万个感光细胞,当它们感受到光的刺激时,就会通过神经将其传给大脑。

2.光线通过一个叫作瞳孔的圆孔进入眼球。

视觉神经

6.视觉刺激沿着视神经传到大脑,并被大脑解读,然后我们就"看到"了影像。

我们的耳朵会收集声波，并将声波转换成信号，
传给我们的大脑。

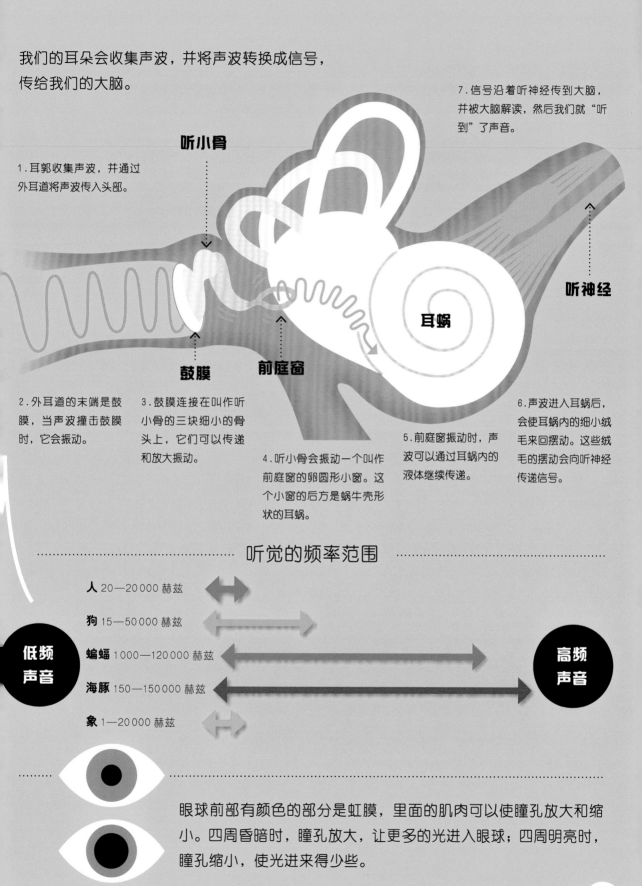

7. 信号沿着听神经传到大脑，
并被大脑解读，然后我们就"听
到"了声音。

听小骨

1. 耳郭收集声波，并通过
外耳道将声波传入头部。

听神经

耳蜗

鼓膜

前庭窗

2. 外耳道的末端是鼓
膜，当声波撞击鼓膜
时，它会振动。

3. 鼓膜连接在叫作听
小骨的三块细小的骨
头上，它们可以传递
和放大振动。

4. 听小骨会振动一个叫作
前庭窗的卵圆形小窗。这
个小窗的后方是蜗牛壳形
状的耳蜗。

5. 前庭窗振动时，声
波可以通过耳蜗内的
液体继续传递。

6. 声波进入耳蜗后，
会使耳蜗内的细小绒
毛来回摆动。这些绒
毛的摆动会向听神经
传递信号。

听觉的频率范围

人 20—20 000 赫兹

狗 15—50 000 赫兹

蝙蝠 1 000—120 000 赫兹

海豚 150—150 000 赫兹

象 1—20 000 赫兹

**低频
声音**

**高频
声音**

眼球前部有颜色的部分是虹膜，里面的肌肉可以使瞳孔放大和缩
小。四周昏暗时，瞳孔放大，让更多的光进入眼球；四周明亮时，
瞳孔缩小，使光进来得少些。

27

词汇表

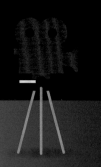

半影

光在传播过程中遇到不透明物体时，在物体后方形成的只有部分光线能照到的区域。

本影

光在传播过程中遇到不透明物体时，在物体后方形成的光线完全照不到的区域。

波长

波在一个振动周期内传播的距离，例如相邻的两个波峰或两个波谷之间的距离。

电磁波谱

按波长或频率的顺序排列的各种电磁波，其中包括无线电波、微波、红外线、可见光、紫外线、X射线等。

电子

构成原子的基本粒子，带负电，在原子中绕原子核运动。

多普勒效应

波产生处与观察者之间的距离发生变化时，观察者接收到的波的频率与波产生处的频率不同的现象。两者距离接近时接收到的频率升高，距离变远时则频率降低。

耳蜗

耳朵里盘曲的管道，形状像蜗牛壳，是听觉的感受器，能感受到声波并通过神经传给大脑。

光年

天文学上的一种距离单位。1光年即光在真空中一年内走过的路程，约为94 605亿千米。

光子

构成光的粒子，静止质量为零，不带电，具有一定的能量。

虹膜

眼球前部有颜色的环状薄膜，膜的中心有瞳孔。

角膜

眼球前方最外面的一层透明膜。

聚变

较轻的原子核聚合为较重的原子核，并释放出巨大能量的过程。

马赫数

一般指飞机、火箭等在空气中移动的速度与声速之比。

频率

本书中指声波、光波等每秒振动的次数。声波的频率决定音调，光波的频率决定光的颜色。

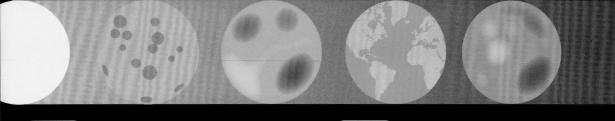

声调

又称音调，指声音的高低，由声波振动的频率决定。

声呐

利用声波在水中的传播和反射，来探测水中目标及其状态，并进行导航和测距的技术或设备。

视网膜

眼球壁最里面的一层膜，能够感受光的刺激。

瞳孔

虹膜中心的圆孔，光线由此进入眼内。瞳孔放大或缩小，可以调节光线进入眼球的多少。

透镜

由透明材料制成的镜片，镜片中央和边缘的厚薄不同，一般分为凸透镜和凹透镜两类。光线经透镜折射后可以成像。眼球中晶状体的形状和作用与凸透镜相似，能通过改变凸度帮助眼睛看清远近。

吸收线

由于光被吸收而在光谱中产生的暗谱线。

音色

声音的属性之一。根据它，人能听出有相同响度和声调的两个声音的不同。

原子

由原子核（包含质子、中子）和电子组成，是化学反应的基本单位。

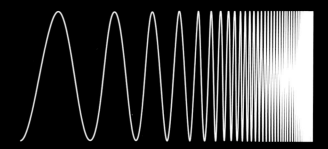

原子核

原子的核心部分，由带正电的质子和不带电的中子紧密结合而成。

折射

波（如光波、声波等）从一种介质进入另一种介质时，传播方向发生偏折；也指波发生这种偏折的现象。

振幅

振动过程中，振动物体离开物体平衡位置的最大距离。本书中指声波的振幅，它的大小会影响声音的响或轻。

注：本书地图插图系原版书插附地图。

SCIENCE IN INFOGRAPHICS: LIGHT AND SOUND
Written by Jon Richards and illustrated by Ed Simkins
First published in English in 2017 by Wayland
Copyright © Wayland, 2017
This edition arranged through CA-LINK International LLC
Simplified Chinese edition copyright © 2022 by BEIJING QIANQIU ZHIYE PUBLISHING CO., LTD.
All rights reserved.

著作权合同登记号　图字：01-2021-3132

审图号：GS(2021)3349号

图书在版编目（CIP）数据

奇妙的光与声 / （英）乔恩·理查兹著 ；（英）埃德·
西姆金斯绘 ；梁秋婵译. —— 北京 ：中国妇女出版社，
2022.3
（一看就懂的图表科学书）
ISBN 978-7-5127-2116-6

Ⅰ. ①奇… Ⅱ. ①乔… ②埃… ③梁… Ⅲ. ①光学－
普及读物②声学－普及读物 Ⅳ. ①O4-49

中国版本图书馆CIP数据核字(2022)第011726号

责任编辑：王　琳
封面设计：秋千童书设计中心
责任印制：李志国

出版发行：中国妇女出版社
地　　址：北京市东城区史家胡同甲24号　　邮政编码：100010
电　　话：（010）65133160（发行部）　　65133161（邮购）
邮　　箱：zgfncbs@womenbooks.cn
法律顾问：北京市道可特律师事务所
经　　销：各地新华书店
印　　刷：北京启航东方印刷有限公司
开　　本：185mm×260mm　1/16
印　　张：2
字　　数：36千字
版　　次：2022年3月第1版　2022年3月第1次印刷
定　　价：108.00元（全六册）

如有印装错误，请与发行部联系